SITZUNGSBERICHTE DER DEUTSCHEN AKADEMIE
DER WISSENSCHAFTEN ZU BERLIN

Klasse für medizinische Wissenschaften
Jahrgang 1950 Nr. 1

THEODOR BRUGSCH

ONTOGENETISCH-PHYLOGENETISCHE BEZIEHUNGEN ZU ERKRANKUNGEN

1950

AKADEMIE-VERLAG BERLIN

Vorgetragen in der Gesamtsitzung vom 9. März 1950
Zum Druck genehmigt am gleichen Tage, ausgegeben am 28. August 1950

Erschienen im Akademie-Verlag GmbH., Berlin NW 7, Schiffbauerdamm 19
Lizenz-Nr. 156 · 100/39/50
Druck: Deutsche Wertpapier-Druckerei (M 301), Leipzig
Bestell- und Verlagsnummer: 2010/50/II/1
Preis: 1,— DM

Ontogenetisch-phylogenetische Beziehungen zu Erkrankungen

Die medizinische Krankheitslehre entbehrt eines Principium divisionis. So unterscheiden wir z. B. Infektionskrankheiten, Organkrankheiten, Systemkrankheiten, Stoffwechselkrankheiten, ohne daran Anstoß zu nehmen, daß z. B. eine Organkrankheit auf einer Infektion beruhen kann und eine Infektionskrankheit mit Organveränderungen einhergeht. Das Krankheitsgebilde wird in der Medizin begrifflich abstrahiert als ein Abbild, das eigentlich alle die Züge tragen soll, die man an den entsprechenden Kranken findet. So wird die Idee der Erkrankung aus den pathologischen Gegebenheiten, sei es im Funktionellen, sei es im Anatomischen, gebildet, als etwas Ganzes, Einheitliches und in sich Zusammenhängendes, das kategorial an das Leben gebunden ist und darum nur mit den Kategorien des Lebens medizinisch-wissenschaftlich erfaßt werden kann. Uns soll aber hier nicht das kategoriale Prinzip beschäftigen, sondern ein anderes Prinzip, das auch in der Krankheit steckt, das genetische Prinzip. Wenn man nun dieses Prinzip für die Krankheitslehre in Anwendung zieht, so gibt es eigentlich nur vier Entstehungsmöglichkeiten für eine Krankheit: die angeborene anatomische Anlage, die Entstehung aus äußeren Bedingungen, die vorzeitige Abnutzung, d. i. die Entstehung aus inneren Bedingungen und die Infektion. Indessen, bei der Anwendung des genetischen Prinzips würde man in der Krankheitslehre wegen der vielfachen Überschneidung kein Principium divisionis gewinnen, es sei denn für das Gebiet der Infektion und das Gebiet der kongenitalen Mißbildungen; aber selbst wenn man die Genetik der Krankheiten nicht als Principium divisionis für die Krankheitslehre heranziehen wollte, so ist doch die genetische Betrachtungsweise nicht bloß für die Aetiologie der Infektionskrankheiten und viele aus äußeren Bedingungen heraus entstandene Erkrankungen wichtig und brauchbar; ich denke z. B. an die Berufskrankheiten, an die Erkrankungen, die durch Surmenage alimentaire, zuviel oder zuwenig Nahrungsstoffe, so z. B. auch durch Mangel an Vitaminen entstanden sind oder die Vergiftungen u. a. Aber die Anwendung des genetischen Prinzips ist auch in höherem Sinne anwendbar, und zwar für Krankheiten, bei denen man bisher noch weit davon entfernt war, das genetische Prinzip in Anwendung zu ziehen. Als Beispiel gebe ich Ihnen ein Erkrankungsbild, das in unserem Volke eine weite Verbreitung hat, ohne daß man sagen kann, daß alle Rätsel von dieser Erkrankung genommen sind. Die perniziöse Anämie ist an sich eine tödlich verlaufende Erkrankung unter dem Bild einer schweren Anämie besonderen Charakters, deren Mechanismus darin besteht, daß das Knochenmark keine normalen roten Blutkörperchen bilden kann. Infolgedessen sinkt die Zahl der roten Blutkörperchen auf ganz niedrige Werte ab, die für das Leben nicht ausreichen. Man findet daneben noch stets ein Fehlen des Magensaftes und als Komplikationen nervöse Störungen in Gestalt einer einzigartigen Glossitis und in seltenen Fällen sogenannte funikuläre Strangdegenerationen am Nervensystem und in noch selteneren Fällen Erscheinungen einer Psychose. Man sagt, das sind Komplikationen, die unter Umständen auch fehlen können; immerhin ist es bemerkenswert, daß viele Störungen sowohl im Blutbild wie am Nervensystem ausgeglichen werden können, wenn man diesen Kranken das jetzt synthetisch herstellbare Vitamin B 12 unter die Haut spritzt, das identisch ist mit dem wirksamen Leberprinzip und das jetzt in Amerika Rubramin genannt wird. Eine Menge von 15 γ besitzt bereits eine solche Wirksamkeit, wie sie etwa 10 ccm hochwertigen Leberextrakts entspricht. Wenn man nun solche Perniciosa-Kranke in ihrem Krankheitsverlauf analysiert, so kann man in der Regel dem typischen Ausbruch der Erkrankung als Anämie Jahre und Jahrzehnte vorangehen sehen Störungen am Magen in Form des Fehlens von Magensaft, Störungen in der Oralsphäre, die sich als entzündlichatrophische Zungenentzündung manifestieren und Störungen am sensiblen Nervensystem, die ähnlich wie bei der Lues cerebrospinalis als Wurzelsymptome den Auftakt mit Schmerzerscheinungen bilden. Ist die Krankheit dann zur vollen Höhe entwickelt, so findet man die Anämie, deren Charakteristikum ein fötaler Typus der Blutbildung ist, die Achylie des Magens, die oral-glossitische Affektion und die Affektion des Nervensystems, die sich z. B. durch sensible Störungen an den Innenflächen der Unterarme und Hände bzw. der Beine und Füße findet. Die Therapie zeigt, daß sich diese Störungen mit einem Vitamin B 12 beeinflussen lassen. Das ist eine medizinisch-wissenschaftlich neue und großartige Entdeckung von einer praktisch ungeahnten Bedeutung für die Perniciosa-Kranken. Wenn wir aber darüber hinaus eine genetische Betrachtungsweise der Krankheitsbilder durchführen, so macht uns die Kombination des Erkrankungsbildes aus Störungen der oralen- und Magensphäre, aus Störungen der sensiblen und motorischen Extremitäten-Versorgung und aus fötalen Störungen der Blutbildung (PAUL EHRLICH bezeichnete diese Bluterkrankung als einen Rückschlag in die embryonale Blutbildung) darauf aufmerksam, daß diese Kombination eigentlich ein Kombinat ist, das stammesgeschichtlich in einer sehr frühen ontogenetisch-phylogenetischen Entwicklungsstufe eine Bedeutung hatte. Zur Erklärung muß ich allerdings abschweifen. Die vergleichende Entwicklungsgeschichte lehrt bekanntlich, daß für den Menschen wie für jedes Lebewesen die Ontogenese ein abgekürztes und verkleinertes Bild der Phylogenese gibt. Das ist das biogenetische Grundgesetz von HÄCKEL. Wir wissen nun grundsätzlich nichts über die Sensibilität und Motorik eines Fötus, wohl aber können wir tierische und menschliche Neugeborene beobachten, z. B. auch Affen, die uns irgendwie biologisch näherstehen als andere Tierrassen und können sie mit menschlichen Neugeborenen vergleichen. Da sieht man etwas sehr Merkwürdiges. Das neugeborene Affenjunge klettert an dem Leib der Mutter instinktmäßig — vielleicht könnte man auch sagen, — reflexmäßig hoch, bis es ihm gelingt, den Lutschreflex nach Auffindung der mütterlichen Brustwarze in Gang zu bringen; das Affenjunge bedarf dazu, d. h. zum Erklettern und Halten der Greif- und Fußsohlenreflexe, ferner der Motorik der Arme und Beine, es bedarf auch der Reflexologie der Oralsphäre und bedarf zur Bildung der Blutkörperchen des Verdauungsaktus des Magens, sonst kann es ja nicht zur Blutbildung kommen. Wenn man nun etwa einen vollausgebildeten Fall einer perniziösen Anämie in seiner kombinierten Symptomatik betrachtet, so würde man sagen können, es ist eigentlich der enge Funktionskreis betroffen, der bei der Geburt eines Affenjungen in Aktion treten muß, wenn das Affenjunge nach seiner Geburt zur Entwicklung kommen soll. Beim menschlichen Säugling wäre dieses Kombinat nicht so nötig, weil der ganze Säugling ein Bettsäugling ist; er wird von der Mutter bedient. Der menschliche Säugling ist bereits stammesgeschichtlich emanzipiert. Das Krankheitskombinat bei der perniziösen Anämie hat nun, wie es uns scheint, nicht so sehr eine ontogenetische, sondern eine phylogenetische Wurzel, diese Wurzel weist sich vor allem dadurch aus, daß das Kombinat von krankhaften Erscheinungen tatsächlich einer gleichgebauten Wurzel entspricht, wofür ja der Erfolg der Therapie mit Rubramin spricht. Das, was ich eben vorgetragen, mag vielleicht sehr hypothetisch klingen, aber es erklärt doch Zusammenhänge, die uns eigentlich erst durch genetische Betrachtungsweise klar werden. Ein anderes Beispiel gibt uns die genetische Betrachtung der Prostatahypertrophie beim Manne, die durch ontogenetisch-phylogenetische Erfassung nicht nur verständlich, sondern auch therapeutisch beeinflußbar wird.

Bekanntlich besteht die Prostata aus einem Konglomerat prostatischer Drüsen vom Charakter der Geschlechtsdrüsen, die aber ihrer Anlage nach doppelgeschlechtlich sind. Der männliche Anteil der Drüse ist der Rest des WOLFFschen Ganges und ist Prostata im engeren Sinne; der weibliche Anteil der Drüse (Reste des MÜLLERschen Ganges) bleibt rudimentär gegenüber der eigentlichen Prostata. Es sind das die periurethralen Drüsen, die mit zunehmendem Alter zu hypertrophieren beginnen, wenn die männliche Prostata im fortschreitenden Alter oder beim Hodenverlust zu atrophieren beginnt. Das Verhältnis der Prostata zur Paraprostata (rudimentär weibliche Drüsengänge) wird durch das Hormongleichgewicht der Hodenhormone bestimmt. Der männliche Hoden produziert männliches und weibliches Keimdrüsenhormon. Im Alter versagt die männliche Hormonproduktion gegenüber der weiblichen; dadurch kommt es zur Hypertrophie des paraprostatischen weiblichen Drüsenanteiles, der Überschuß eines Hormonanteiles erzeugt daher Adenome der Prostata. Aber wir brauchen, um die phylogenetisch-ontogenetische Wurzel zu erfassen, im Leben des Menschen nicht bloß auf die Pathologie zurückzugehen, wir können auch noch beim Erwachsenen, noch besser am Tiere, stammesgeschichtliche Rudimente feststellen, die wir mit Vertretern des Tierreichs gemeinsam haben. Denken Sie nur an den Säugling: er vermag sehr bald nach seiner Geburt Schreitbewegungen zu machen, Kriechbewegungen auszuführen, wie bei den Lurchen, Schwimmbewegungen, dann Rutschbewegungen und vielleicht auch Kletterbewegungen. Das Gähnen wie der Singultus sind stammesgeschichtliche Residuen. Solcher stammesgeschichtlichen Anlagen bedient sich oft auch die Pathologie, z. B. bei Rückenmarksquerschnittsläsionen, wo die stammesgeschichtliche Verankerung des alten Rückenmarkreflexes wieder zutage tritt, wenn durch Ausschaltung kortikaler Bahnen wieder der Automatismus der tieferen spinalen Zentren hervortritt. Überhaupt bietet die Neurologie eine große Zahl von Bildern, die man ohne Mühe auf alle subkortikalen bzw. Stammesphänomene des Hirnstammes und damit der Tiefenperson zurückführen kann und die nicht nur bei organischen neurologischen Krankheiten auffindbar sind, sondern deren sich der Hysteriker besonders gern bedient. Es liegt wohl gerade im Wesen der Hysterie, sich dieser eigenartigen stammesgeschichtlichen Automatismen zu bedienen, die im Tiefenkern der Person verankert sind, Bilder, wie sie CHARCOT in so reichem Maße demonstrieren konnte, allerdings nicht ohne eine gewisse Dressur. Aber der Totstellreflex beim niedrigsten Tiere — beim Menschen wird daraus der akute Tonusverlust, später die Ohnmacht — und die Hypnotisierbarkeit der Tiere, der Kinder und vieler Menschen liegt in dieser stammesgeschichtlichen Wurzel. Krampferscheinungen verraten in ihrem Ablauf vielfach die stammesgeschichtliche Wurzel des Fluchtphänomens; das Umsichschlagen beim Krampfanfall, genau so wie das Umsichschlagen prügelnder Kinder in dem stammesgeschichtlichen Phänomen der Abwehr liegt. Aber das alles sollen ja nur Hinweise dafür sein, daß zwar die Corticalperson in dem Leben das unser Ich Bestimmende ist, d. h., daß unser Ich von den Sinnen her gestaltet wird in erbmäßiger Verankerung der Anlagen, aber daß wir doch in unserer Pathologie hauptsächlich in der Tiefenperson verankert liegen, wobei es sehr verlockend ist, wenn man hier den ontogenetisch-phylogenetischen Wurzeln nachgeht, und nicht schlechthin die Mißbildung, wie etwa bei den kongenitalen Fehlern, ich denke z. B. an die Herzgefäßmißbildungen und ähnliches, in grob anatomischer Weise unser hauptsächliches wissenschaftliches oder sagen wir unser einziges Interesse erweckt, sondern das Nachspüren der ontogenetisch-phylogenetischen Wurzel. Man kommt dort wahrscheinlich auf Zusammenhänge in der Medizin, an die zu denken man sich nicht erkühnen würde, selbst wenn sich solche Zusammenhänge physiologisch leicht erklären lassen. Wir können, wie ich schon eingangs sagte, unsere Medizin kategorial nicht auf eine Schicht beschränken, also wir können nicht nur mechanistisch, psychologisch und noologisch denken, sondern wir müssen biologisch-kategorial ganzheitlich denken, aber auch nicht nur in Querschnitten, d. h. hic et nunc, sondern auch in Längsschnitten; sicher bietet es unzweifelhaft einen wissenschaftlichen Fortschritt, wenn man solche ontogenetisch-phylogenetischen Perspektiven aufdecken kann, für die ich eigentlich nur wenige heterogene Beispiele gegeben habe, die aber, wie ich glaube, genugsam medizinisches Interesse verdienen, da sie uns Zusammenhänge aufdecken, denen nachzugehen neue Erkenntnisse verspricht.

Bei Fragen zur Produktsicherheit wenden Sie sich bitte an:
If you have any questions regarding product safety,
please contact:

Walter de Gruyter GmbH
Genthiner Straße 13
10785 Berlin
productsafety@degruyterbrill.com